AF232819

ESSAI

SUR

LA CULTURE DES CHEVEUX,

ESSAI

SUR

TURE DES CHEVEUX,

SUIVI

UELQUES RÉFLEXIONS

SUR

DE LA COIFFURE,

L. J. DUFLOS, COIFFEUR.

Omne tulit punctum qui miscuit utile dulci.
Hor.

Prix : 1 franc.

PARIS,

Chez l'AUTEUR, rue Saint-Honoré, n°. 288;
Et chez LE NORMANT, libraire, rue de Seine, n°. 8;

1812.

AVIS.

La Pommade dont il est parlé page 12, se vend chez l'Auteur, par pots de 3 et de 5 fr., et 75 centimes de plus, y compris cette brochure.

ESSAI

SUR

LA CULTURE DES CHEVEUX.

LES cheveux sont, sans contredit, le plus bel
ornement que nous ait donné la Nature, et
c'est aussi celui auquel on a toujours attaché
le plus de prix.

Tout le monde sait que c'était une marque
de grande douleur chez les anciens, que de se
couper les cheveux : les marins, quand ils
étaient battus de la tempête, coupaient leur
chevelure et la jetaient dans la mer pour apai-
ser Neptune ; on coupait les cheveux du
criminel avant de le faire monter au Capitole,
d'où il devait être précipité : c'est ce que nous
apprend Martial :

Ad alta tonsum templa cùm reum misit.

On supposait aussi que Proserpine coupait,
au moribond, un cheveu auquel était attachée

l'existence, et que, sans cette formalité, on ne pouvait quitter la vie. Virgile nous raconte que le retard que mit la reine des enfers à rendre ce devoir à la triste amante d'Enée, empêcha long-temps cette malheureuse princesse de rendre le dernier soupir, et que la messagère de Junon termina sa douloureuse agonie en coupant ce cheveu fatal :

Nondùm illi flavum Proserpina vertice crinem
Abstulerat, Stygioque caput damnaverat Orco.
Ergo Iris, croceis per cælum roscida pennis,
Mille trahens varias adverso sole colores,
Devolat, et suprà caput adstitit : Hunc ego dîi
Sacrum jussa fero, teque isto corpore solvo.
Sic ait, et dextrâ crinem secat : omnis et unà
Dilapsus calor, atque in ventos vita recessit.

. . . .

La déesse qui règne au ténébreux abîme
Ne l'avait point encor dévouée à la mort,
Ni coupé le cheveu d'où dépendait son sort.
Sur son aile brillante, au soleil exposée,
Peinte de cent couleurs, humide de rosée,
Iris descend des cieux, s'arrête sur Didon :
« Je coupe le cheveu réservé pour Pluton.
» C'en est fait, de tes jours ainsi finit la trame ;
» Des chaînes de ton corps je dégage ton ame, »
Lui dit-elle. A ces mots, sa secourable main
Tranche avec le cheveu son malheureux destin :
Sa chaleur l'abandonne, et son ame s'exhale,
Et la mort seule éteint sa passion fatale.

DELILLE.

Indépendamment de cette idée religieuse attachée à la chevelure, les anciens la regardaient

comme une beauté, comme un ornement pré-
cieux dont ils souffraient avec peine d'être privés.
L'histoire nous apprend que le vainqueur des
Gaules et de sa patrie, que César avait à cet
égard toute la coquetterie d'une jolie femme.
Voici ce que dit Suétone à ce sujet:

*Calvitii verò deformitatem iniquissimè
ferre obtretatorum sæpè jocis obnoxiam ex-
pertus : ideòque et deficientem capillum re-
vocare à vertice assueverat : et ex omnibus
decretis sibi à senatu populoque honoribus,
non aliud aut recepit, aut usurpavit libentiùs
quàm jus laureæ coronæ perpetuò gestandæ.*

« Il supportait difficilement la difformité
» *d'étre chauve*, difformité qui l'exposait sou-
» vent aux railleries des envieux : c'est pourquoi
» il avait coutume de ramener du haut de la
» tête les cheveux qui lui manquaient (sur le
» front) : et de tous les décrets rendus en sa
» faveur, de tous les honneurs qui lui furent
» décernés par le sénat et le peuple, il n'en
» reçut ou n'en usurpa aucun plus volontiers
» que celui qui lui donnait le droit de porter
» continuellement une couronne de laurier. »

Des anciens, cette grande estime pour les
cheveux passa chez les Francs. Nos vieilles

chroniques nous apprennent que, dans le commencement de la monarchie, c'était une marque de distinction réservée à la famille royale
que de porter les cheveux longs : aussi, les
princes que l'on jugeait indignes de la couronne étaient-ils tondus avant d'être renfermés
dans un monastère. La perte de leurs cheveux
était, en quelque sorte, un signe d'opprobre qui
les vouait au mépris public.

Aujourd'hui le changement des goûts, et par
suite celui des modes, a fait supprimer, pour
les hommes, les cheveux longs; mais nous n'en
attachons pas moins de prix à conserver long-
temps une chevelure bien fournie. Cependant,
une maladie, un chagrin violent, l'abus des
plaisirs même, suffisent pour faire tomber ou
blanchir les cheveux, et tous les chauves n'ont
pas la brillante prérogative de couvrir cette
difformité par une couronne de laurier. Ce
serait donc rendre aux hommes, et surtout aux
dames, un service essentiel, que de leur ensei-
gner les moyens de conserver long-temps,
d'empêcher de tomber ou de blanchir leurs
cheveux, et même de les faire pousser, lorsque
quelques circonstances inconnues arrêtent leur
croissance. Je crois avoir découvert ce moyen:

une longue expérience, suivie d'un succès constant, prouve son efficacité et m'autorise à garantir ses heureux résultats.

Le secret dont je fais part au public est simple, et fondé sur l'ordre naturel des choses.

On sait que le cheveu est un corps gras, élastique, creux, cannelé, et qui va en diminuant par le bout.

Il tient à une racine susceptible de le faire croître, lorsqu'elle est bien nourrie, mais qui dépérit et meurt lorsqu'elle manque de subsistance : alors le cheveu se dessèche, devient fourchu, et finit par tomber ou blanchir.

Ces idées sur la nature des cheveux nous viennent d'Aristote. Il nous dit, dans son cinquième livre, *de Generatione Animalium : Causam calvitii esse inopiam humoris calidi : qualis precipuè est humor pinguis : ideòque plantas, quæ pingui humore exuberant perpetuâ fronde virescere.*

« La privation de l'humeur chaude, telle » qu'est surtout l'humeur grasse, est la cause » de la *calvitie*; c'est par cette raison que les » plantes abondantes en humeur grasse conservent une verdure perpétuelle. »

Pénétré de la vérité de ce principe, j'ai cherché le remède à cette privation de l'humeur végétative; j'ai été assez heureux pour réussir dans mes recherches, et je m'empresse de publier ma méthode.

Le premier, le meilleur précepte que l'on puisse donner, c'est d'entretenir avec soin la propreté de la tête: pour y parvenir, voici quelques moyens que j'ai toujours employés avec succès.

Pour dégraisser les cheveux et faire partir les petites pellicules qui se détachent de la peau.

Prenez du son que vous tamiserez pour en ôter ce qui pourrait y rester de farine; séparez les cheveux par mèches grosses comme le doigt; après les avoir bien démêlés, prenez chaque mèche séparément, remplissez-la de son, et frottez fortement, jusqu'à ce que les cheveux se détachent les uns des autres: cette opération finie, passez doucement, et avec précaution, le démêloir dans les cheveux, de crainte de les casser; passez-y ensuite le peigne à coiffer, pour les préparer au peigne fin, et terminez par ce dernier, en soutenant les che-

veux par derrière jusqu'au bout. De cette manière, vous enlèverez tout le son et les pellicules. Enfin, achevez de les nettoyer avec une
brosse à manche, dont les crins soient bien
écartés, pour mieux pénétrer jusqu'à la peau.

Pour nettoyer la tête des enfans.

Souvent nous voyons la peau délicate des
enfans se couvrir d'une espèce de croûte qui
s'attache plus particulièrement à la tête, et sous
laquelle leurs petits cheveux, repliés plusieurs
fois, se trouvent comprimés d'une manière qui
en arrête la croissance. Il est essentiel de remé-
dier promptement à cet inconvénient : pour y
parvenir, prenez de la pommade dont je par-
lerai ci-après pour la pousse des cheveux ; met-
tez-en à plusieurs reprises sur ces espèces de
croûtes, jusqu'à ce qu'elles en soient bien péné-
trées et commencent à se détacher d'elles-
mêmes ; alors, enlevez-les avec précaution :
vous dégagerez ainsi les cheveux, qui ne tar-
deront pas à reprendre leur croissance jusque-
là interrompue.

Lorsque l'on est parvenu à rendre bien
propres la peau de la tête et la chevelure, il

est facile de les entretenir dans le même état; mais ce n'est pas assez, il faut encore arrêter la chute des cheveux, ou les faire pousser, lorsque la Nature ne nous en a pas donné une assez grande quantité : dans ce dernier cas, le germe existe, il ne s'agit que de le développer.

Lorsqu'un arbuste dépérit, on en taille les branches, on arrose, on fume ses racines, et souvent des soins vivificateurs lui rendent une vigueur qu'il paraissait avoir perdue pour jamais..... Pourquoi n'agirions-nous pas ainsi, par analogie, sur ces plantes animales appelées cheveux? Trouvons la culture et un engrais convenables, et peut-être obtiendrons-nous les mêmes résultats.

Bien convaincu de la possibilité de réaliser cette idée, j'ai inventé la composition d'une pommade dont les mollécules déliées, en s'insinuant dans les pores de la peau, sont propres à y porter la chaleur qu'exige la végétation du cheveu; mais son succès dépend surtout de la manière de l'employer. Voici la marche à suivre, et qu'une longue expérience m'a persuadé être la meilleure.

Coupez avec soin la pointe des cheveux de la longueur d'un pouce au moins; séparez-les ensuite par raies de la largeur d'un travers de doigt, depuis le front jusqu'à la nuque ; mettez dans chaque raie gros comme une noisette de ma pommade ; étendez-la soigneusement avec le bout du doigt ; continuez ainsi d'une tempe à l'autre, et mettez un peu de la même pommade à la pointe des cheveux, pour les empêcher de redevenir fourchus : renouvelez cette opération tous les deux jours, le soir en vous couchant, jusqu'à ce que vos cheveux ne tombent plus, vous ne tarderez pas à en apercevoir les plus heureux effets.

Par la suite, on pourra, de temps en temps, appliquer ainsi la même pommade, pour faire multiplier et allonger les cheveux.

Cette pommade empêchera aussi la formation des pellicules auxquelles beaucoup de personnes sont sujètes.

RÉFLEXIONS
SUR L'ART DE LA COIFFURE.

L'art de la coiffure consiste dans la manière de parer la tête, d'en distribuer avec goût les ornemens, et de lui donner un ensemble si parfait que, de quelque côté qu'elle soit vue, elle ait une pose et une forme agréables.

Depuis que les deux sexes éprouvèrent le besoin de se plaire réciproquement, c'est-à-dire depuis que les peuples eurent quelques idées sur la civilisation, les coiffures ont varié à l'infini, et ont reçu toutes les formes.

COIFFURE DES HOMMES.

Les anciens portaient les cheveux longs et frisés par le bout. Homère parle souvent des beaux cheveux de ses héros : dans le brillant tableau qu'il fait de la mort d'Hector, il représente ce guerrier *dont la longue chevelure est traînée sur le sable, et son front orné de grâces, ce front martial qui répandait la terreur, souillé par la poussière.*

Les Romains, dès le temps de la république, retroussaient leurs cheveux et en faisaient un nœud. Au commencement du règne des empereurs, ils les frisaient, les parfumaient d'huile de senteur, et les saupoudraient d'une poudre couleur d'or, à la manière des Asiatiques. Ce fut aussi au commencement de l'empire que s'introduisit l'usage de porter des faux cheveux : l'empereur Othon s'en servait.

L'on a déjà vu que les longs cheveux furent long-temps en honneur parmi les Français ; mais quelques princes n'ayant pas été favorisés de cette parure, les courtisans, toujours empressés de se rapprocher autant que possible du souverain, firent couper les leurs.

Louis XII reprit la longue chevelure, et cette mode subsista jusqu'en 1521, époque à laquelle François Ier, ayant été blessé à la tête par le sieur de Montgommeri, dans une fête qu'il donnait à Lyon, se fit couper les cheveux.

Sous Louis XIII on revint aux cheveux longs, et on les porta ainsi, variés de différentes manières, avec ou sans poudre, frisés ou non frisés, jusqu'au commencement de la Révolution, que s'introduisit la titus, telle qu'on la porte aujourd'hui.

On verra plus loin les principes à suivre pour la coupe des cheveux dans ce genre de coiffure.

COIFFURE DES DAMES.

—

Il serait impossible de nombrer les variantes qui se sont introduites à ce sujet; je me contenterai donc de jeter un coup-d'œil rapide sur le goût des peuples qui nous ont précédés.

Les Lacédémoniennes, tant que les lois de Lycurgue furent en vigueur, nouaient simplement leurs cheveux avec un ruban sur leurs épaules, et ne portaient d'autre ornement qu'un voile.

Quant aux Athéniennes, elles avaient élevé à un tel point le luxe de la coiffure, et leur goût à cet égard était si fortement prononcé, que Solon n'osa y porter atteinte: il nomma seulement des magistrats pour empêcher qu'il ne fût poussé plus loin.

Elles employaient avec profusion l'or, les rubans, les pierreries et les perles.

Les dames romaines eurent une infinité de coiffures, dont les noms ne sont pas venus jusqu'à nous: seulement Cicéron nous apprend que de son temps elles portaient une coiffure, nommée *Calautica* ou *Calantica* : nous trouvons une mention expresse de cette coiffure dans une loi insérée par Justinien, dans son Corps de Droit.

Ornamentorum hæc vittæ, mitræ semimitræ, calautica *, *acus cum margaritâ quam mulieres habere solent, reticula crocufantia.*

« On met au rang des parures les rubans, » les coiffures, les demi-coiffures, *les calau-* » *tiques*, l'aiguille de diamans qu'ont coutume » d'avoir les femmes, les coiffes, les réseaux » dont elles se servent dans l'ajustement de » leurs cheveux. »

Cette loi (la 25ᵉ au Digeste *De auro et argento legato*) trop longue pour être rapportée ici, fait une énumération curieuse des ornemens qui paraient la toilette d'une dame romaine.

Nous trouvons dans les poëtes de ce temps des témoignages nombreux du prix que l'on attachait alors à une belle chevelure, et des regrets que sa perte entraînait.

---

* Ce mot vient du grec χάλος, *calos*, rehaussé, orné, et ἄνθος, *anthos*, fleur, parce que cette coiffure était ornée de fleurs, *floribus variegata.* (Voy. Calvin Kahl et B. Brisson.) De *calautica* est venu *decalauticare*, décoiffer.

Voici comment Pétrone déplore cette perte
dans des vers charmans :

« Le plus bel ornement de la beauté lui a été
» enlevé : le triste hiver l'a privée de sa belle
» chevelure. Ses tempes dégarnies et sa tête
» chauve et luisante semblent regretter leur
» perte. »

Les dames françaises ont mis au moins une
aussi grande variété dans leurs coiffures.

Vers la fin du XIV siècle, au dire de Jean
Juvénal des Ursins, « les dames et demoiselles
» faisoient de grands excès en états, et portoient
» des cornes merveilleusement hautes et larges,
» ayant de chaque côté deux grandes oreilles si
» larges que quand elles vouloient passer sous
» un *huis*, il leur étoit impossible de passer. En
» Flandre, où ces cornes étoient nées, on les
» appellait *hennins*. »

Cette singulière coiffure fut portée à une
ampleur extraordinaire; de telle sorte que les
dames portaient quelquefois des cornes de trois
ou quatre pieds de hauteur.

Dans le siècle suivant, sous le règne de
Louis XI, s'introduisit une autre mode, sur
laquelle Monstrelet nous donne des détails
curieux. « Les dames (dit cet historien, dans

» son vieux langage) mirent sur leurs têtes
» bourrelets à manière de bonnets ronds, qui
» s'amenuisoient par dessus de la hauteur de
» demi-aulne, ou de trois quartiers de long ;
» telles y avoient, et aucunes les portoient
» moindres et déliées couvre-chiefs par dessus,
» pendant par derrière jusqu'à terre, les uns et
» les autres, et prindrent aussi apporter leurs
» ceintures, etc. »

D'autres coiffures, qu'il serait trop long de détailler ici, succédèrent à celles-ci avec une étonnante rapidité; tellement que jusqu'à François Ier, on en pourrait compter plus de cent cinquante variétés.

Marguerite de Valois, sœur de ce prince, introduisit les étoffes d'or et d'argent dans les coiffures : cette princesse portait, de préférence à tous autres ornemens, un bonnet de velours ou de satin, enrichi de filets de perles et de pierreries, avec un bouquet de plumes.

Il faut lire les Recherches de Dreux du Radier sur ce sujet.

Tout le monde connaît les coiffures dont les dames ont fait usage sous les trois derniers règnes, et jusqu'à quelle ridicule élévation on en portait l'échafaudage.

Aujourd'hui les dames ont su, en réunissant ce que les coiffures grecques et romaines
avaient de plus élégant, se former un genre que
l'on peut bien appeler le chef-d'œuvre du goût
et de la galanterie.

Mais ce genre doit être varié selon les circonstances et les figures : le talent de bien saisir
l'à-propos, ce sentiment si délicat des convenances, ce tact si fin que nous tenons de la
nature seule, et que l'art veut en vain imiter, est
ce qui constitue le véritable artiste.

Cependant ce serait peu d'avoir été favorisé
de ce rare présent du ciel, il faut le cultiver, le
perfectionner par la pratique, et surtout le
soumettre à une méthode invariable.

Voici, selon moi, les principes généraux qui
peuvent servir de bases à l'art de la coiffure.

Il faut distinguer d'abord entre la *mode* et
l'étiquette.

L'*étiquette* est un genre de mise et de coiffure suivi à la Cour, et qui a des formes déterminées, dont il n'est pas permis de s'écarter.

La *mode* est le dernier genre de mise et de
coiffure adopté par les personnes de goût : elle
n'est bien souvent qu'un diminutif, qu'une variante de l'étiquette.

Lorsque cette mode, fondée sur la nature, parvient à faire ressortir les formes avec avantage, elle est bientôt imitée, mise en vogue et suivie de tout le monde : si au contraire elle ne vient que du desir d'innover, et n'a pas le même but, elle meurt presque en naissant.

Le bon goût de l'artiste a pour but de tirer le meilleur parti possible de la mode existante, en faveur de la personne qui doit en faire usage : pour y parvenir, il faut s'attacher à trois choses :

1°. Éviter la multiplicité d'ornemens, tels que diamans, perles, fleurs, étoffes, etc. La profusion dans ce genre est toujours une preuve de mauvais goût ;

2°. Observer l'influence de la distribution de la coiffure sur la pose de la tête ;

3°. Accommoder, autant que possible, la coiffure à l'air du visage.

Je reviens sur ces trois principes.

PREMIER PRINCIPE.

Économie d'ornemens.

On sait, et le goût nous indique, qu'en fait de toilette, la grace est inséparable de la légéreté, et qu'au contraire, la surabondance d'ornemens écrase au lieu de parer. Je ne m'appesantirai pas sur ce principe, qui doit être senti au seul énoncé.

DEUXIÈME PRINCIPE.

Pose de la tête.

Il y a trois manières ordinaires dont la tête est posée sur les épaules :

La première est lorsque le cou, ayant une juste longueur proportionnellement au volume du corps, la tête se trouve placée de manière que tous ses mouvemens sont faciles et gracieux. Cette pose est la bonne; il faut bien prendre garde de la dénaturer par la coiffure, et tâcher d'y ramener, autant que possible, au moins en apparence, les deux autres.

La seconde a lieu quand le cou, étant trop court, fait paraître la tête enfoncée dans les épaules : on parvient à dissimuler ce défaut, en portant l'ensemble de la coiffure sur le haut de la tête, et l'amincissant sur la nuque et les oreilles, sans cependant que cela puisse paraître guindé.

La troisième, lorsque le cou, étant trop long, la tête se trouve trop éloignée des épaules; on sent que, pour celle-ci, il faut employer un moyen contraire, c'est-à-dire diminuer la coiffure sur le haut, lui donner plus d'étendue derrière les oreilles, et la prolonger surtout vers la nuque: par ce moyen, on augmente le volume de la tête, et le cou paraît moins long.

TROISIÈME PRINCIPE.

Observer l'air du visage.

Ce principe fondamental de la parure est le *nec plus ultrà* du talent: vainement voudrais-je essayer de donner des règles; il faudrait quelles fussent aussi multipliées que les visages: je ne puis que recommander une étude approfondie de la physionomie; c'est par cette étude seulement qu'on apprendra par quel moyen on peut adoucir un air dur, donner un air distingué à une tête qui n'est rien moins que cela; enfin, modifier, au moins à l'extérieur les écarts de la nature.

Quelques personnes trouveront peut-être ceci trop outré, m'accuseront d'accorder au talent de la coiffure un pouvoir imaginaire, et riront de ce qu'elles appelleront des chimères... Qu'elles se détrompent; tout ce que j'avance est possible, mais présente de grandes difficultés; ce n'est qu'avec un goût naturel extrêmement délicat, et perfectionné par l'exercice, que l'on peut prétendre à ce dernier période du talent.

Il *faut* du temps, des soins, et ce pénible ouvrage
Jamais d'un écolier ne fut l'apprentissage.

PRINCIPES

LA COUPE DES CHEVEUX.

—

Il faut suivre la même méthode que pour la coiffure des dames, relativement à la pose et à la grosseur de la tête : c'est-à-dire ôter moins de cheveux, si la tête est petite, et placée sur un long cou ; bien dégarnir si la tête est grosse et le cou trop court ; enfin, se conformer à l'air du visage de la personne que l'on coiffe.

Après avoir établi la méthode que je crois la meilleure, il n'est pas inutile de donner quelques règles générales applicables à toutes les coiffures ; mais je ne parle que pour ceux qui, n'étant pas doués du tact exquis nécessaire au coiffeur, ont besoin d'être guidés, pour ainsi dire, par la main : quant aux autres, je ne puis leur donner de meilleur principe que de suivre leur goût; c'est le premier et le plus grand des maîtres.

Lorsqu'une personne a le front large et carré, il faut faire en sorte que les cheveux, coupés un peu longs, et ramenés des tempes, en cachent une partie, et en dissimulent un peu la dureté.

Si au contraire elle a le front petit, il faut le découvrir et prendre soin de ne pas faire voir la racine des cheveux, afin de laisser soupçonner à l'œil une plus grande étendue.

Lorsqu'une tête est mal conformée, il faut faire en sorte, en coupant moins de cheveux dans les creux, en les coupant plus près sur les bosses, en formant des masses placées à propos, de dérober la vue de ces imperfections.

Si une personne a l'oreille petite et bien faite, il faut la dégager et la faire ressortir par un encadrement de cheveux.

Si au contraire l'oreille est grande et mal faite, il faut laisser tomber les cheveux de manière à la cacher autant que possible : une boucle, une tresse adroitement jettées, et comme sans dessein, suffisent pour dérober ce défaut.

Si les tempes sont creuses, il faut bien se garder de les dégarnir, mais au contraire ramener les cheveux des côtés pour en voiler la difformité.

Tels sont les cas les plus ordinaires : s'il s'en présentait d'autres, on y remédierait à l'aide des mêmes règles, par analogie.

FIN.

IMPRIMERIE DE LE NORMANT, RUE DE SEINE, N°. 8, FAUB. S. G.